Ueber
die Wurzel der Euphorbia villosa
gegen
die Hundswuth.

Von

Erast von Andrejewskiy.

Mit einer Kupfertafel.

Aus dem Journ. f. Chir. u. Augenheilk. Bd. XII. Hft. 2. von C. F. v. Gräfe und Ph. v. Walther besonders abgedruckt.

Berlin, 1828.

Im Verlage von G. Reimer.

Unter der grossen Anzahl von Pflanzen, welche im Russischen Reiche als Vorbeugungsmittel gegen die Hundswuth angewandt werden, scheint die neuerdings empfohlene, in Podolien, Volhynien und Galizien seit Jahrhunderten gebräuchliche Euphorbia villosa (zottige Wolfsmilch, Poln. mlecz kosmaty) das meiste Zutrauen zu erwecken. Wenigstens ist es derselben vor allen übrigen geglückt, den Beifall der Kenner zu erhalten und gleichzeitig ihre Wirksamkeit an unbefangenen Individuen darzuthun. — Ich bin aufgefordert die Schilderung ihrer wichtigen, medicinischen Eigenschaften, wie sie uns der rühmlichst bekannte Botaniker, Professor *Besser* und der Ritterguts-Besitzer *v. Makowiecki* in einem, 1827 zu Warschau erschienenen Werke des Dr. *Karl v. Kaczkowski* *) gegeben, der deutschen Lesewelt auszugsweise mitzutheilen.

Schon vor zwanzig Jahren, da Herr *Besser* noch die Lemberger Schule besuchte, hörte er viel über die Pflanze und deren Wirkungen; sah jedoch ein Exemplar derselben erst 1814, und zwar im Garten seines Oheims, des Professors der Botanik *Schiverakow* und bei dem Dr. *Jos Kosinski.* Letzterer hatte ein Stückchen Wurzel einem, in dem Augen-

---

*) *Lekcye Hygieny czyli nauki zachowania zdrowia przez Karola Kaczkowskiego. Warschau* 1827. *p.* 135 *ffg.*

blick mit der Behandlung beschäftigten Landmanne entrissen und das geraubte Fragment glücklich vermehrt. Es galt allgemein für die Abart Euphorbia pilosa. — Später eingetretene Verhältnisse riefen Herrn *Besser* nach Krzemieniec, an das Volhynische Lyceum und hier sollte er die Bestätigung dessen, was er in Betreff der Wolfsmilch während seiner Jugend vernommen, aus dem Munde unpartheiischer Zeugen erfahren. Erstlich erzählte Herr *Zienowicz*, dasiger Lehrer der Chemie und Mineralogie, dass er und zwanzig andere mit ihm, vor einem Viertel-Jahrhunderte im Lutzk'schen Kreise, durch einen wüthenden Kater gebissene Leute sämmtlich ihre Erhaltung der Heilkraft dieses Gewächses verdankten. Derselbe erwähnte ferner, dass er noch kürzlich in der Umgegend der Podolischen Stadt Winnica beobachtete, wie vermöge des nämlichen Gewächses etliche Hundert Menschen, welche ein toller Wolf stark verwundet hatte, gerettet wurden. Was den Gebrauch anbelangt, so machte er Herrn *Besser* folgende Notizen bekannt: Eine frische, ungefähr sechs Zoll lange, starke Wurzelfaser wird klein geschnitten, in einen Halbquarttopf geschüttet, dieser voll kalten Wassers gegossen, wohl verklebt und für die ganze Nacht in einen Backofen gestellt, aus welchem man eben das Brodt herausgenommen. Von dem, dergestalt bereiteten Aufgusse bekömmt der Kranke 3 Unzen nüchtern des Morgens und etwas weniger wenn er schlafen geht. Das Einnehmen dauert drei Tage unausgesetzt fort; die Dosis muss aber jedesmal verkleinert werden. Weiche und häufige Stuhlgänge, zuweilen auch Erbrechen, waren die Folgen, welche Herr *Zienowicz* und seine Leidensgenossen empfanden. Die Landleute geben vor, solche Wirkungen träfen bei wahrhaft Inficirten unfehlbar, nie dagegen bei den vom Contagio frei Gebliebenen ein. Besondere Diät wird nicht beobachtet. —

Zienowicz's Aussagen in Verbindung mit dem Umstande, dass Dr. *Kosinski* um Tarnopol ein, dem erzählten streng analoges Verfahren beobachtete, und daraus auf die allgemeine Verbreitung des Heilmittels schloss, machten in Herrn *Besser* den Wunsch rege, die eingezogenen Nachrichten zur Oeffentlichkeit zu bringen; allein theils das Verspäten der Kupferstiche, die aus Wien erwartet wurden; theils der Mangel eigener Ansicht, liessen ihn immer noch zögern, bis er unerwartet neue Beweise von einer anderen Seite her erhielt. Der bereits erwähnte *Ludwig v. Makowiecki* in Podolien hatte seit geraumer Zeit die glücklichen Kuren eines seiner Unterthanen bewundert, und war endlich dahin gelangt dem schlichten und gewissenhaften Dorfarzte, der übrigens seine Mühwaltungen sehr gering anzuschlagen pflegte, den Armen stets umsonst, den Reicheren für einen unbedeutenden Lohn diente, das Geheimniss abzukaufen. Er schickte nun das Gewächs, dessen weiter unten noch ausführlicher gedacht wird, Herrn *Besser* zu und begleitete die Sendung mit flüchtigen Bemerkungen, welche wir hier möglichst gedrängt und zur besseren Uebersicht in der Reihe der Erscheinungen, dem Deutschen Leser vorlegen. Zugleich bemerken wir, dass Herr *v. Makowiecki* binnen der funfzehn Jahre seines Aufenthaltes in einer und derselben Gegend, so viel er hat erforschen können, bei allen Landleuten, welche sich mit der Behandlung vergifteter Bisswunden beschäftigt, immer die nämlichen Mittel vorfand, nie schlechte oder andere, als die zu beschreibenden Wirkungen kennen lernte, und alle Mal sichere Rettung erfolgen sah, sobald nur der Kranke die Anzeige nicht über den sechsten Tag hinausgeschoben hatte.

Die Euphorbia villosa entspricht dem beabsichtigten Zwecke am vollkommensten wenn das Ausgraben derselben während des Monats Mai vorgenommen wurde, weniger, wenn dasselbe in dem sogenannten Spätsommer geschah. (Doch kann man es nöthigenfalls auch zu jeder andern Zeit anstellen.) Frisch, oder im Schatten ohne Zuthun des Windes und nicht etwa haufenweise getrocknet, leistet die Pflanze fast ganz gleiche Dienste. Es ist bekannt, dass Landleute, Besitzer des Geheimnisses die, im Spätsommer eingesammelten, blossen, seltener auch wohl in Stroh gewickelten Wurzeln mit gedörrtem Pferdemist überschütten und dergestalt für die Dauer des Winters bewahren. — Die Wurzel allein ist heilkräftig woraus nun das Medicament dadurch erhalten wird, dass man gewöhnlich ein halbes Quart kleingeschnittener Wurzelfasern in ungefähr 2 Quart Wasser kocht und den Aufguss bis auf ein halbes Quart abdampft Jetzt kann das Decoct lange an einem kühlen Orte stehen bleiben, ohne etwas von der ihm einwohnenden Eigenthümlichkeit einzubüssen. Der Landmann zu Kadijowka, welcher seine Methode Herrn v. *Makowiecki* entdeckte, muss, ausgedehnter Geschäfte wegen, immer einen grossen Vorrath haben. Er zieht daher das Arzneimittel in der wärmeren Jahreshälfte förmlich auf Fässer und führt es, selbst bei bedeutenderen Reisen, mit sich. Die Flüssigkeit sieht zusammengerütteltem Biere ähnlich und bekömmt nach und nach eine dunkle Kirschfarbe.

Der obengedachte Landmann verspricht jedem, der vor- oder an dem sechsten Tage die Kur einleitet, unbedingte Befreiung von dem, in den Körper übergegangenen Gifte; ist jedoch die Periode abgelaufen, so weist er den Patienten zurück, weil dann, seinen Erfahrungen zufolge, die unter der Zunge gebildeten Bläschen (deren Dasein sowohl er, als seine gesammten Collegen bestimmt behaupten) namentlich, wo die Wuth einen hohen Grad erreicht hatte, zu bersten anfangen und nun jenen schwärenden Eiter absondern, der einmal hinuntergeschluckt, unabwendbar den Tod verursacht. Deshalb ist es auch stets unseres Arztes erste Sorge, die Zunge genau zu besichtigen. Lässt diese auf ein, noch günstiges Stadium der Krankheit schliessen, so schreitet er zum äusseren Behandeln der Wunde, indem er häufige Waschungen und Umschläge aus dem Decoct. Euphorb. villos. macht. Bei dem inneren Gebrauche beobachtet er folgende Regeln:

a) Das Einnehmen geschieht, wenn es irgend angeht, nüchtern.

b) Er nimmt wahr, in welchem Maasse das Fluidum concentrirt sei, um darnach die Gabe einzurichten. Dem kräftigen Manne, der sich sonst einer guten Gesundheit erfreut, verordnet er ein Wein-, ja selbst ein Bierglas voll; schwächeren Individuen im Verhältniss weniger *); jener muss die festgesetzte Dosis drei Tage hindurch, diese nur am dritten wiederholen.

c) Am zweiten Tage lässt er oft eine doppelte Portion in abgetheilten Fristen, Morgens und Abends trinken. Dann ist die vierte Dosis am dritten Tage meist überflüssig.

d) Mag die Cur noch so glücklich von statten gehen, mögen die Symptome der Genesung noch so

---

*) Herr v. *Makowiecki* zieht aus eigenen Prüfungen den Schluss, dass die Quantität ohne zu ängstliche Rücksichten, auch vergrössert werden dürfe.

auffallend sein, dennoch verlangt er ausdrücklich, dass man am 9ten Tage und am nächsten Neumond die Dosis abermals geniesse. Dieses soll, seiner Meinung nach, ausweisen, in wie fern das Gift beseitigt wurde und dem Kranken die nöthige Beruhigung verschaffen.

Was wir bisjetzt gesagt haben, gilt ebenfalls für die Behandlung der Thiere, mit der billigen Abänderung, dass Pferden, Rindern und Kühen $\frac{1}{2}$ Quart des Decocts und zwar entweder in den Schlund, oder in gesalzenes Futter gegossen wird. Hunde, welche übrigens der Landmann an den gebissenen Stellen unter keiner Bedingung zu waschen pflegt, erhalten nur $\frac{1}{16}$ und selbst diese geringe Quantität mengt man einer sehr fettgemachten Gerstenkleie bei.

Die Wirkungen des Decocts bleiben nicht lange aus. Das Contagium, vermöge des Blutumlaufs und der Saugadern dem Unglücklichen einverleibt, nistet sich in den fremden Körper ein, und kämpft gleichsam gegen dessen angeborenen Kräften. Nun tritt das Heilmittel hinzu und der Kranke unterliegt augenblicklich einer wohlthätigen Revolution. Er empfindet Ekel, bekommt Aufstossen und zuletzt ein starkes Erbrechen. Ganz anders erscheint die Wirkung des gedachten Mittels in dem Falle, wo der Behandelte entweder völlig gesund ist, oder nur eine nicht vergiftete Wunde erlitten hat. Herr v. *Makowiecki* versichert, es äusserten in diesem Falle selbst unmässige Quantitäten keine anderen Syptome, als dass sie, und zumal bei leicht erregbaren Individuen einen Schwindel, jedoch ohne alle Uebelkeiten, hervorbrächten. Wie sich übrigens das Heilmittel zu dem ungestörten Organismus durchaus indifferent verhalte, pflegt der Landmann tagtäglich darzuthun, indem er, um seine Patienten zu ermuthigen, wohl zwiefache Dosen verschlingt. Sobald die vorläufigen Anzeigen des Brechens bemerkt werden, lässt er viel warmes Wasser trinken und sucht überhaupt den Act zu beschleunigen. Stellen sich ausser dem Schwindel ungewöhnlich heftige Uebelkeiten ein, so erkennt er darin eine begründete Ansteckung und befiehlt dem Leidenden den Leib mit Handtüchern zusammenzuziehen. —

Je länger und angestrengter vomitirt wird, desto schleimiger ist die ausgeworfene Materie, desto mehr ähnelt sie dem Eiweiss; zu Ende der allergewaltsamsten Anfälle erblickt man öfters eine gelblich-grüne Masse, ob diese rein zufällig sei, oder aus den Umständen nothwendig hervorgehe, wagt Herr *v. Makowiecki* nicht zu entscheiden und stellt die Sache künftigen Beobachtern anheim. Nicht selten geschieht es und vorzüglich, wo die Ansteckung vier volle Tage andauerte, dass die am fünften genossene Arzenei zugleich abführt; das letztere folgt auch recht häufig dem zweiten, dritten &c. Gebrauche und da werden dann die Darmcontenta bloss auf naturlichem Wege hinausgeschafft. — Beide Wirkungen nehmen allmählig ab, und ein sicheres Zeichen der Reconvalescenz ist es, wenn die ehedem angewendete Quantität unthätig im Magen beharrt — was Herr *v. Makowiecki* bei denjenigen, die sich vor dem dritten Tage der Kur unterzogen, bereits nach der zweiten Dosis sah. —

Etwas schwieriger ist die Behandlung falls das Contagium schon länger im Körper verweilt hat, und die Bläschen entstanden sind. Was nun die Bläschen oder Knötchen anbetrifft, so bilden sie sich, wie der Arzt von Kadijowka angiebt, unter der Zunge, ringsum „einige" Adern (Arteria ranina) und liegen daselbst zerstreut, doch dichter in der Mitte als zu den Seiten. Sie sollen den dritten Tag zum Vorschein kommen, Anfangs weisslich, dann gelb sein, bis gegen den sechsten Tag zusehens wachsen und am sechsten aus einander fliessen. Bei Menschen erreichen diese Bläschen in ihrer Entwickelungs-Periode kaum die Grösse des Hirsensaamens, welchen sie jedoch späterhin übertreffen; die der Wiederkäuer sind zuletzt vom Umfange eines Hanfkorns. Diese aber wie jene drohen einen gewissen Tod, und man eilt daher dem freiwilligen Bersten derselben vermittelst des Glüheisens zuvorzukommen. Ein Stückchen Draht oder noch besser eine Stecknadel dienen zum Brennen. Die Zunge wird in die Höhe gehoben; hiedurch schwellen die Pustelchen bedeutend an, und um desto leichter kann sie der Operateur mit dem Knopfe der glühenden Nadel berühren. Nach jeder einzelnen Berührung, die ein eigenthümliches Knistern bezeichnet, platzt das Knötchen und es bleibt hinter dem Instrumente eine klebrige Feuchtigkeit kleben. Jetzt muss der Kranke unverzüglich den Mund mit Brandtwein ausspühlen und die gewöhnliche Portion des Heilmittels einnehmen. Es dringt unser Landmann um so mehr darauf, als er von dem etwa übrigbleibenden Rest des sickernden Eiters Nachtheile befürchtet. Ueberhaupt geht er bei der ganzen Angelegenheit höchst vorsichtig zu Werke und lehrt selbst einem der Anwesenden sein pyrotechnisches Verfahren, damit, wenn sich etwa neue Bläschen zu zeigen anfingen, dieselben rasch beseitigt würden. — Das Rindvieh erduldet die nämliche Operation und erhält gleichfalls eine Gabe des Decoct. Radic. Euphorb. vill.; Hunde brennt er nie und räth auch keinem das Maul dieser gefährlichen Thiere zn besehen.

Herr v. *Makowiecki* legt seinen Beobachtungen ein Paar Krankheitsgeschichten bei, und hofft es dürften dieselben etwas dazu beitragen, die Eigenschaften des fraglichen Gewächses ausser Zweifel zu setzen. Bedauernd, dass er einen interessanten, ihm bekannt gewordenen Fall stillschweigend übergehen müsse, weil er nicht befugt sei den Namen einer hochachtbaren Person, welche in der Hütte des einfachen Bauers Hülfe suchte und solche auch fand, öffentlich auszusprechen, beginnt er folgendermaassen:

„Binnen neun Jahren erkrankten in meinem Hause zwei Bediente in Folge vorhergegangener Ansteckung. Die Wiederherstellung des einen, der bereits die untrüglichsten Beweise der Hundswuth an sich trug, lenkte zuerst mein Augenmerk auf die Heilmethode des Arztes von Kadijowka. Den Verlauf der vorgeschrittenen Leiden des zweiten, den ich nicht minder genau beobachtete, werde ich hier erzählen und glaube durch dieses Beispiel Alles, was ich früher weitläuftig aus einander gesetzt, näher beleuchten zu können. Patient, ein noch junger rüstiger Mann und von einem tollen Hunde gebissen, trank am dritten Tage ein Weinglas voll des Decocts; er bekam Kopfschwindel, seine Augen färbten sich gelb, er fühlte Ekel, warf aber nicht hinlänglich aus. Unachtsam, oder vielleicht schlecht unterrichtet, versäumte er es, die Dosis vorgeschriebener Weise zu wiederholen. Den vierten und fünften Tag ward er von Stunde zu Stunde immer trauriger und unruhiger, am Mittage des letzteren beim Aufwarten, bemerkte man in seinem schläfrig gewordenen Gesichte, in seinen sonderbar und katzenähnlich funkelnden Blicken, solch eine Veränderung, dass nicht nur die Fremden, sondern auch meine Kinder betroffen wurden. Ich schickte ihn weg — was ihm indessen gar nicht zuzusagen schien. Während des kurzen Schlafes, in welchen er gegen 3 Uhr verfiel, betrachtete ich sein Antlitz: es drückte ein Uebermaass widriger Empfindungen aus. — Man schaffte den Unglücklichen nach Kadijowka. Die, am sechsten Tage angestellte Besichtigung entdeckte dem Landmanne schon ausgebildete Knötchen unter der Zunge; er zerstörte dieselben in gewohnter Art, und verordnete eine Gabe des Getränkes, die der früher eingenommenen völlig entsprach. Es erfolgte ein dergestalt heftiger Schwindel des Kopfes, dass der Kranke sich unwillkührlich im Kreise zu drehen anfing. Die gelbe Farbe des Auges ward nur noch intensiver, und bewirkte selbst einen temporairen Verlust des Sehvermögens; die Uebelkeiten und Wallungen nahmen in dem Grade zu, dass man nicht weiter reisen konnte, sondern den Leidenden auf dem Felde liegen lassen musste. Hier blieb er, (und zwar ohne gebunden zu sein, da man grade keine Tücher zur Hand hatte) einige Stunden und stiess, ehe man die galligen Excretionen bemerkte, eine Menge eiweissähnlichen Schleimes knäuelförmig aus. —

Den nächsten Morgen trank er nüchtern seine Dosis; er brach ungleich weniger, hatte jedoch mehrere Mal Oeffnung.

Den 8ten Tag nach dem Genusse der Arznei fühlte er sich ganz wohl; es kehrten seine früheren Kräfte und mit diesen seine frühere Laune zurück. Auch stellte sich die Esslust wieder ein.

Den 9ten Tag war das eingebrachte Medicament erfolglos". —

In Betreff der Behandlung der Hausthiere, urtheilt Herr *v. Makowiecki* gleichfalls aus eigener Ansicht: „Ein toller Hund hatte auf Maliniczy, meinem Gute, etliche Stück Rindvieh verwundet. Ich erfuhr es spät und der Landmann von Kadijowka ward nicht zeitiger, als am sechsten Tage herbeigeholt. Er untersuchte vor Allem die Zungen und meinte eine der Kühe müsse unbedingt toll werden, denn es seien bei ihr die Bläschen bereits geplatzt. Seine Prognose ist in Erfüllung gegangen. Eben so unbedingt versprach er die Uebrigen zu retten und achtete nicht darauf, dass einige dieser Thiere schon ein wildes Wesen äusserten und jeden, der ihnen in den Weg trat, anfielen. Er brannte die Knötchen aus und flösste nicht minder gesunden, wie erkrankten Individuen ½ Quart des bewussten Getränkes ein; er empfahl ferner, dass man recht fleissig nachsehen möge, ob sich nichts Auffallendes unter der Zunge erhebe und versah uns mit der nöthigen Quantität des Decocts. — Die wirklich gebissenen Ochsen und Kühe brachen sehr bald, diejenigen aber, welche bloss wegen der gefahrvollen Gesellschaft behandelt worden waren, verhielten sich ruhig und blieben unverändert. Das sehr gewaltsame Vomiren liess am zweiten Tage nicht, wenigstens nicht viel von seiner Heftigkeit nach, wohl aber am dritten, wo sehr copiöse Entleerungen durch den Mastdarm erfolgten. Die Dosis des vierten Tages war unnütz und seit der Zeit hat nie irgend ein Umstand die Genesung der erwähnten Thiere zweifelhaft gemacht. — Der tolle Hund selbst durchlief ungemein eilig das Dorf und verschwand plötzlich, kaum von jemand anders als von Kindern gesehen. Deshalb hatte man auch alle Kühe ohne Unterschied gemolken und deren Milch genossen. Ich ward nun um diese Personen und namentlich um diejenigen unter ihnen, welche die Milch der tollgewordenen, späterhin gefallenen Kuh getrunken, höchst besorgt und befahl, dass alle erweislich verdächtigen Menschen, alt und jung, Weiber und Männer die Arzenei trinken sollten; doch sie warfen nichts aus, und erfreuten sich fortan der besten Gesundheit."

Der instinktmässigen Scheu, welche man vor Angesteckten zu hegen pflegt, der unvorbereiteten Art, auf welche die Besichtigung geschah und endlich seinem tiefeingewurzelten Unglauben misst es Herr *v. Makowiecki* bei, dass er noch nie ein Giftknötchen zu erspähen vermochte. Jetzt, wo ihm die Wichtigkeit des Gegenstandes einleuchtender geworden, rüstet er sich zu neuen Beobachtungen und verspricht alle erdenkliche Mühe zu verwenden, um im Verlaufe der Erscheinungen das beharrende Gesetz ausfindig zu machen. Er wünscht übrigens recht herzlich, die Heilmethode seines Unterthans bewährte sich nur insofern sie die Anwendung der zottigen Wolfsmilch betrifft; — die Bläschen unter der Zunge mögen dann immerhin eine Fabel — die Erfindung ländlicher Charlatans bleiben. — Und in Wahrheit, wer dürfte den Wunsch unseres Polnischen Gewährsmanns nicht theilen? Auch Dr. *Karl v. Kaczkowski*, einer der gelehrtesten und glücklichsten Praktiker Volhyniens, spricht der Euphorb. villosa das Wort. Er hat, wie er dem Deutschen Referenten mündlich versicherte, hinlänglich Gelegenheit gehabt, deren heilende Kraft zu bewundern. Zwei Unglücksfälle, welche sich auf den Gütern seiner Freunde, der Herren *Bartnicki* und *Pininski* ereigneten, dienten ihm zur Belehrung. Der, die Kur leitende, Ackerbauer verfuhr nach den Regeln, die wir schon kennen, nur suchte er zugleich ebenfalls durch das lymphatische System einzuwirken und rieb den ganzen Körper der Patienten mit dem bewussten Decocte ein. — Dagegen ist über die Existenz der Giftpückel seit dem Erscheinen der *Marochetti*'schen Schrift, streng abgeurtheilt worden und sogar ausgezeichnetere Aerzte haben sich von der vermeintlichen Thatsache fast nie überzeugen können *). Es behandelte

*) Die Herren *Magistel* zu Saintes und Dr. *Baumbach* wollen zwar die Giftblaschen nicht nur vorgefunden, sondern auch

zum Beispiel, um eins der letzten Ergebnisse hervorzuheben, der Dr. *Fokelmann* erst kürzlich viele Personen, welche ein toller Hund in den Vorstädten Kamieniec's verwundet, allein er begegnete nicht dem Mindesten, was das fragliche Phänomen bestätigt hätte. Und ein Gleiches widerfuhr dem Dr. *v. Kaczkowski*, welcher jedoch, obschon er selbst zu den Zweiflern gehört, in seinem Werke „*Lekcye Hygieny*" ausdrücklich anführt, wie er in Pariser Journalen gelesen, dass auch auf den Inseln des Griechischen Archipels der Gebrauch herrschen solle, die Zungenknötchen (*Lys*) zu brennen. Das wäre allerdings sehr merkwürdig; leider aber verdankt höchst wahrscheinlich die Beobachtung des Franzosen ihre Entstehung einem Missverständnisse; denn λυσσα oder λύττα (*sens. primit.* die Wuth, daher κυνόλυσσος) bedeutet bekanntermaassen den Tollwurm, den man sonst unverantwortlicher Weise ausrottete und in den ungebildeteren Ländern vielleicht noch ausrotten mag. — Die Behauptungen des Arztes von Kadijowka sind vollends wenig dazu geeignet, in einer so bedeutenden Sache den Ausschlag zu geben. Bereits Herr *v. Makowiecki* vermuthet, sein Günstling wolle bloss deshalb nach dem sechsten Tage die Kranken nicht annehmen, weil nun grosse Gefahr zu befürchten sei, und eine einzige fehlgeschlagene Kur hinreichen dürfte, die gesammte Kundschaft zu verlieren. Doch es leuchtet auch überdies in manchen Unternehmungen des Landmanns die Aengstlichkeit und die Unconsequenz eines angeerbten Handelns durch: er exstirpirt die Pustel der Hunde nicht und dessenungeachtet werden die Thiere gesund; er befiehlt, dass man am Neumonde

---

mit glücklichem Erfolge ausgebrannt haben. Vergl. dieses Jour. Bd. VII. p. 168. u. *Bernsteins* Zus. z. pr. Hndb. &c. p. 279 u. 280.

die Arzenei wiederhole und ist sich gewiss keines Grundes dafür bewusst.

Zum Schlusse seines Aufsatzes nennt Dr. v. *Kaczkowski Barry's* unlängst kund gewordene Methode, die inficirten Wunden mit Hülfe des Schröpfkopfes unschädlich zu machen. Der deutsche Bearbeiter würde diese, nur indirect hierher gehörige Methode übergehen, wenn sich nicht derselben eine, unter den obwaltenden Umständen, besonders interessante Seite abgewinnen liesse. Auch sie ist, fern davon ein Produkt höher gesteigerter Kunst zu sein, inmitten des Volkes entstanden. Ohne nämlich im Geringsten Herrn *Barry* die Ehre der Efindung zu beschränken, wird es in *Hecker's* Annalen nachgewiesen, dass der Herr Prof. *Ehrenberg* dasselbe Verfahren in Syrien und Aegypten allgemein herrschend fand. „Jedermann trägt", heisst es dort *), „in Gegenden, wo sich giftige Schlangen aufhalten, einen Schröpfkopf bei sich, der Schlangenbiss wird auf der Stelle stark scarificirt und durch augenblickliches Schröpfen vom Gifte gereinigt".

Beschreibung der Euphorbia villosa.

Um etwanigen, bei den schwankenden Begriffen, welche über die einzelen Species der Euphorbien im Umlauf sind, leicht möglichen Verwechselungen vorzubeugen, hat die Redaction des Journals der Cirurg. und Augenheilk. beschlossen, ihrer Zeitschrift die Zeichnung und Beschreibung des Gewächses, ganz so wie sie uns Herr *Besser* geliefert, anzufügen. Indem wir hinsichts der ersteren auf die beifolgende Kupfertafel verweisen, legen wir hier die zweite, und zwar wörtlich wieder-

*) Vergl. *Hecker's* Litterar. Annalen der gesammten Heilkunde. III. Jahrgang, Juni, p. 248 u. 249.

dergegeben, vor; bemerken jedoch, dass *Sprengel* die Pflanze E. pilosa genannt wissen will *).

„Es wurden mir" — sagt Herr *Besser* — „zwar Varietäten der zottigen Wolfsmilch zugeschickt, eine mit nackter, die andere mit langbehaarter Frucht; diese letzte hielt ich für E. mollis Gmel. **). Graf *Waldstein* und Prof. *Kitaybel* haben die E. villosa zuerst beschrieben, und sie waren es auch, die das Gewächs entdeckten ***). Die in Rede stehende Gattung unterscheidet sich von den übrigen der nämlichen Art durch eine 5 — 7strahlige, 3-, 2theilige unvollkommene Dolde, — elliptische, feingesägte Blättchen der besonderen Hülle — ganze, die Stelle der Blumenkrone vertretende, Honiggefässe — nackte Fruchtknoten und breitlanzettförmige, feingesägte, nach unten zu etwas zottige Blätter ****).

Die Wurzel. Ausdauernd, einen Finger und darüber dick, vielköpfig, in den niederen Theilen ästig, äusserlich dunkelbraun, innerlich weiss. Verletzt, giebt sie eine Menge milchigen Saftes.

Die Stengel. Rund, von der Dicke eines Gänsekiels und darüber, ½ zuweilen sogar 1 Elle hoch, mit weissem Marke angefüllt, mehr oder weniger zottig, später auch wohl ganz nackt. Etliche und zehn entspriessen im Frühjahr der Wurzel, geben aber nur wenige blüthenlose Aeste, welche dann kurz und voll Blätter sind; aus den obersten Ecken kommen die Blüthenstiele 1½ Zoll lang und ohne Blätter. Der milchige Saft der Stengel besitzt keine Schärfe.

Die Blätter. Sitzend, an der engeren Basis auf-

*) *Systema vegetabilium. Edit. XVI. Vol. III. p.* 800.

**) *Flor. Bad.*

***) *Descriptiones et icones plantarum rariorum Hungariae. Vol. I. Tab.* 93. *p.* 96.

****) Vergl. *Besser's Primit. Flor. Galic. Austr. P. I.* 306 *No.*568.

recht und dem Stengel genähert, weiterhin aber in wagerechter Richtung abgebogen; breitlanzettförmig, weichhaarig oder zottig, zuweilen fast glatt mit weissem Rückennerv und weissen Rändern. Die niedrigen stumpf, ganz, kürzer; die oberen etwas zugespitzt, feingesägt, 2 Zoll lang, ziemlich dicht, doch ordnungslos den Stengel umgebend.

Die Dolden. Unvollkommen (*pod - baldaszek, subumbella*), 5strahlig, 2 — 3theilig; zeigen sich auf dem Gipfel des Stengels. Die Strahlen sind kürzer als die niedrig gelegenen unter den Blüthenstielen, 1 Zoll lang und gelb. —

Die Blättchen der Hüllen. *a*) Der allgemeinen: 5; ähneln zwar den Blättern, doch kürzer, eirund-länglich, zugespitzter, fast glatt, mehr gesägt und gelblich. *b*) Der besonderen: entsprechen der Anzahl von Blüthenstielen oder besonderen Strahlen, sonst eirund, spitzig oder elliptisch, bald mehr, bald weniger zottig, gegen die Spitze gesägt, die äussersten aber nackt — ganz.

Die Blumen. Unansehnlich, mit graden Blüthenstielen versehen; die mittlere hat 5, die übrigen nur 4 Honiggefässe. Die gabelförmigen Strahlen bringen männliche, die anderen Zwitter-Blüthen.

Die Kelche. Eirund, nackt am Insertionspunkte zusammengeengt, inwendig mit Linien bezeichnet, die von der Basis der Honiggefässe beginnend, ineinanderlaufen; zwischen den Honiggefässen aufrechte, gekerbte Einschnitte.

Die Honiggefässe. Vertreten die Stelle der Blumenkronen; sind geschuppt, in die Quere elliptisch, dunkelsafranfarbig und mit einem äusseren, breiteren, aufrechten Rande.

Die Staubgefässe. 10 — 12 gleichförmig-enge Staubfäden, deren höhere Hälfte, wenn die Pflanze verblüht ist, abzufallen pflegt und didymische oder gedoppelte Staubbeutel. Zwischen den Staubgefässen und neben dem Stempel befinden sich zarte, nach oben zu bärtige Fäden von der Länge des Kelchs.

Der Stempel. Ein anfänglich abwärts geneigter, dann die Form eines kleinen, 3theiligen Kelches annehmender Griffel; rundliche Fruchtknoten; eine 3theilige Narbe, deren jedwede Abtheilung mit 2 stumpfen, etwas dick auslaufenden Fahnen endigt.

Die Frucht. Eine 3saamige, aufrechtstehende, glatte und nackte Kapsel, wovon die Nähte in ihrer Mitte eine milchgebende Drüse enthalten. Der Saamen ist länglich und gemeinbraun.

Die Blüthezeit. Mai, Juni.

Es wächst die Euphorbia villosa auf etwas feuchten Wiesen. Ich selbst habe sie bei Lemberg zwischen Krzywiczki und Kamienopole, bei Krakau längs der Weichsel oberhalb des Thiergartens und des Lustorts Rybaki, bei Krzemieniec zwischen Polisce und Mlynowce und ferner in verschiedenen Gegenden Podoliens gefunden *)."

*) Herr v. *Makowiecki* sagt: die zottige Wolfsmilch gedeihe vorzüglich auf Wiesen, in Birk- und Eichenhainen; liebe jedoch nicht minder steile, ja sogar felsige und gegen Norden gewendete Anhöhen.